balabala…

balabala…

中华书局（香港）教育编辑部　编著

少年儿童出版社

序

二十世纪七十年代，英国牛津大学的历史学家汤恩比曾预测：二十一世纪的人类社会，需要重新重视并参考中国传统文化中的德育元素与价值观，以便在物质文明与精神文明之间取得更好的平衡。二十世纪末，包括饶宗颐教授在内的众多学者，亦曾预测二十一世纪将是中华文化复兴的世纪。时至今日，这种文化复兴的现象不但见诸中华大地，海外不少国家（包括欧美国家）的中国文化热亦方兴未艾。

文化复兴的一个重要的条件是“传承”。传统文化如要在当代社会传播，当然亦要与时并进，契合现代人的需要。

本系列三册新书（《超炫领导力》《超强社交力》《超酷个人魅力》），取材自《群书治要》中的古代圣贤故事，特别强调其中的现代生活意义，以便小朋友们能从中有所领悟和得着，并借此提升自己的个人品德修养和待人接物的能力。这在高度竞争的现代社会尤其重要，对孩子们的健康成长亦极具学习和参考价值。三册书分别聚焦于古代圣贤的领导能力、社交能力和个人魅力，能让孩子们见贤思齐，潜移默化，为他们平添了许许多多言传身教的好老师、好榜样。这不啻为传统文化现代传承的一个杰出的例子。我谨向出版者致以由衷的敬意和谢意，感恩他们的创意和对下一代的厚爱。

清华大学、香港大学教授
香港大学饶宗颐学术馆馆长
中国工程院院士
李焯芬

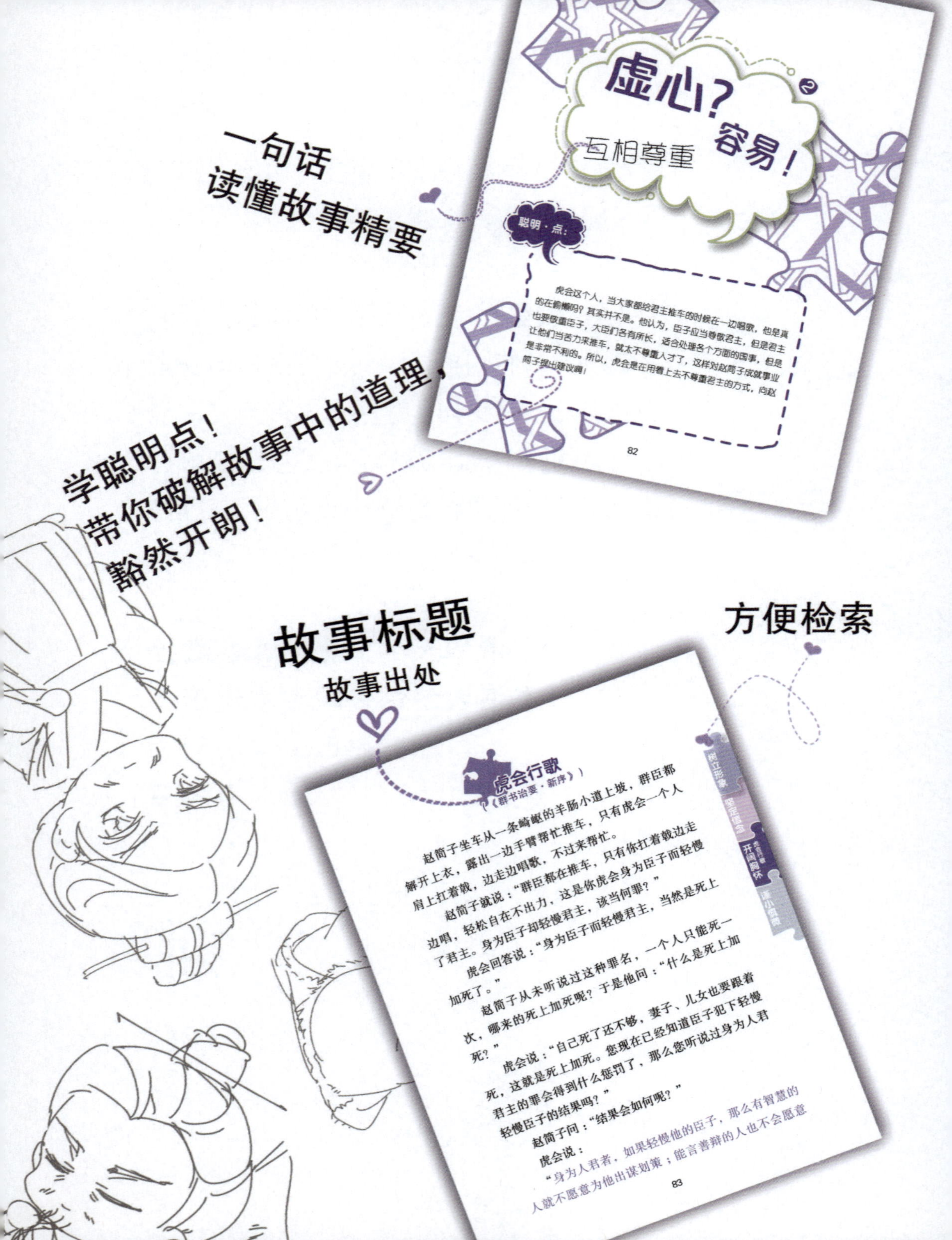

一句话
读懂故事精要
虚心？容易！
互相尊重
聪明·点：
虎会这个人，当大家都给君主推车的时候在一边唱歌，他是真的在偷懒吗？其实并不是。他认为，臣子应当尊敬君主，但是君主也要敬重臣子，大臣们各有所长，适合处理各个方面的国事，但是让他们当苦力来推车，就太不尊重人才了，这样对赵简子成就事业是非常不利的。所以，虎会是在用看上去不尊重君主的方式，向赵简子提出建议啊！
82
学聪明点！
带你破解故事中的道理，
豁然开朗！
故事标题
故事出处
方便检索
树立形象
坚定信念
虎会行歌
开阔胸怀
虎会行歌
（《群书治要·新序》）
赵简子坐车从一条崎岖的羊肠小道上坡，群臣都解开上衣，露出一边手臂帮忙推车，只有虎会一个人肩上扛着戟，边走边唱歌，不过来帮忙。
赵简子就说："群臣都在推车，只有你扛着戟边走边唱，轻松自在不出力，这是你虎会身为臣子而轻慢了君主。身为臣子却轻慢君主，该当何罪？"
虎会回答说："身为臣子而轻慢君主，当然是死上加死了。"
赵简子从未听说过这种罪名，一个人只能死一次，哪来的死上加死呢？于是他问："什么是死上加死？"
虎会说："自己死了还不够，妻子、儿女也要跟着死，这就是死上加死。您现在已经知道臣子犯下轻慢君主的罪会得到什么惩罚了，那么您听说过身为人君轻慢臣子的结果吗？"
赵简子问："结果会如何呢？"
虎会说：
"身为人君者，如果轻慢他的臣子，那么有智慧的人就不愿意为他出谋划策；能言善辩的人也不会愿意
83

代表国家出使外交；勇猛威武的人，也就不愿意冲锋陷阵，为国家抛头颅洒热血。
"有智慧的人不出谋划策，那么君主就容易做出错误的决策，江山社稷会有危险；能言善辩的人不去做
我不拉车，说好不拉，就是不拉。
84
彩色文字
是故事重点段落，
亦是篇末的文言文节录部分
的白话文翻译。
使者，那么国家就不能够很好地与外国来往；勇猛的人如果不为国家战斗，那么边境就会遭到侵略。"
赵简子听了这番话，赞扬虎会："你说得好啊！"
于是赵简子就重用虎会，以上等门客的礼仪来对待他。
原文
为人君而侮其臣者，智者不为谋，辨者不为使，勇者不为斗。智者不为谋，则社稷危；辨者不为使，则使不通；勇者不为斗，则边境侵。
85
文言文原文节录及
词汇解释。
相应的白话文翻译
可参见同篇彩色文字。
使 用 方 法

快来看看你是哪一种人

领导者还是跟随者

与别人争论时，你比较执着于胜负，一定要争赢。

A. 是　　B. 否

你身边的人曾经告诉你，跟你在一起，他有种“自愧不如”的感觉。

A. 是　　B. 否

你不太喜欢追求标新立异。

A. 是　　B. 否

你的穿衣打扮遭到别人批评，下次还会做相同的打扮吗？

A. 会　　B. 不会

假设你雇用了一名员工，他办事有所欠缺，你会向他提出意见吗？

A. 会　　B. 不会

你经常对人发誓。

A. 是　　B. 否

你有没有穿过很好看但相当不舒服的衣服？

A. 有　　B. 没有

对于反应比较迟钝的人，你没什么耐性。

A. 是　　B. 否

你是否很少拒绝别人的请求？

A. 是　　B. 否

需要做重大决定时，你总是拿不定主意，希望由别人替你选择。

A. 是　　B. 否

你故意在穿着打扮上吸引他人注意。

A. 是　　B. 否

你是否经常向别人说“抱歉”、“不好意思”？

A. 是　　B. 否

你对各种媒体上所报道的言论，经常有些不吐不快的看法。

A. 是　　B. 否

你习惯遵守规则，不随意越雷池一步吗？

A. 是　　B. 否

走在人来人往的路上，你是否曾经觉得很烦躁，从而嫌弃身边的路人？

A. 是　　B. 否

你与别人意见相左时，即使认为自己是对的，但为避免争吵，多半不会发表意见。

A. 是　　B. 否

你认为，与其投资在个人成长上（如学艺术、外语等），倒不如直接投资理财。

A. 是　　B. 否

你是否喜欢走在潮流时尚前沿？

A. 是　　B. 否

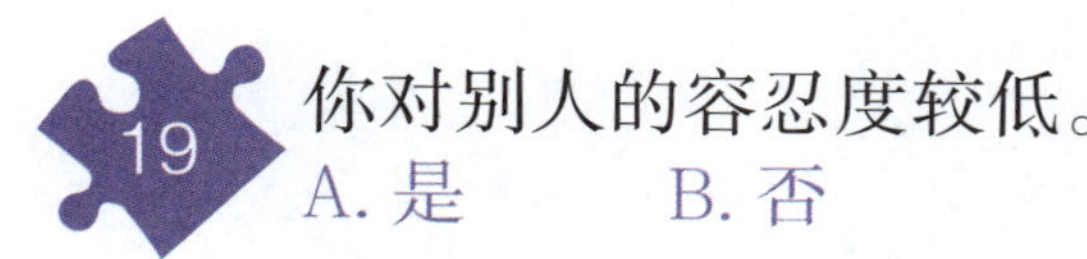

19 你对别人的容忍度较低。

A. 是　　B. 否

20 比起考虑后果的严重性，你更倾向于以坦白自己的想法为重。

A. 是　　B. 否

评价

以上问题，选择 A 得 1 分，B 得 0 分，请先算出总分。

0 ~ 6: 你的个性很强，不喜欢听从别人指挥。相反，你喜欢领导别人，如果别人不听你的，你会变得非常强硬。总括而言，你是天生的领导者。

7 ~ 13: 你介于领导者和跟随者之间，既可随时站出来担任指挥，亦可以服从别人的领导，协助配合。但因为个性不够积极，缺乏干劲和动力，所以多半扮演跟随者的角色。

14 ~ 20: 你是个标准的跟随者，不适合领导别人。你的主见不强，配合性高，比较喜欢被动，在紧急情况下多半不会主动出头，而是选择服从指挥。

目录

树立形象

坚定信念

开阔胸怀

谨小慎微

树立形象

对古人而言，他们未必能够对“如何树立形象”有科学和完整的概念，却也意识到领导者的形象十分重要，足以影响组织的发展与成败。

同时，古人也意识到，树立形象不全是欺骗他人的表面功夫。例如，《礼记》中记载“口惠而实不至，怨灾及其身”（空口答应给人好处而实际做不到，就会招致被怨恨的灾祸）；屈原曾说“善不由外来兮，名不可以虚作”（美德不是外人赋予的，名誉不会凭空产生）。两者同样指出，一个人的行为是发自内心而做出的，若只得虚浮的表现，终究会为人所识破，“名”也会随之消散，甚至反遭身败名裂之祸。

下面就让我们来看看，古人如何“知行合一”，如何在人前人后树立起一个领导者的好形象。

1

我的修养我重视

宽恕体谅

聪明·点：

为什么一个素不相识的人挨饿、受冻，甚至犯法，尧帝都认为跟自己有关呢？其一，他是华夏民族的领导者，在他的管治范围内出了事，事无大小，或直接或间接都跟他有关，这的确是他的责任。其二，是因为尧帝有一颗体恤他人的心。并不是每个领导者都对自己的责任有所觉悟，更不是每个领导者都能够真心实意体恤跟随者的难处，然后由自己出发，努力尝试改善。

尧帝做到了，他真诚地为百姓着想，所以能够有效地解决问题。

尧道在恕

（《群书治要·说苑》）

西汉时期的河间献王刘德说过这样一段话——

尧帝心怀天下，用心去周济贫民，为百姓的苦难感到痛心，担心众生不能活得顺心合意。

有一人挨饿，他就说："是我令他挨饿的。"

有一人寒冷，他就说："是我使他受冻了。"

有人犯了罪，他就说："这都是我造成的。"

尧帝仁爱昭著，使正义之风得以树立；施恩众多，以至教化普遍推广。所以即使不加奖赏，百姓也会勤勉努力；不施刑罚，民众也会安分守己。先宽恕体谅，然后再教育他们，这就是尧帝治理天下的方法。

原文

仁昭而义立，德博而化❶广。故不赏而民劝❷，不罚而民治❸。先恕❹而后教，是尧道也。

注：

❶ 化：教化。

❷ 劝：奋勉，勤勉。

❸ 治：治理得好，天下太平。

❹ 恕：此处可以理解为用仁爱之心待人，也可以理解为宽恕、原谅。

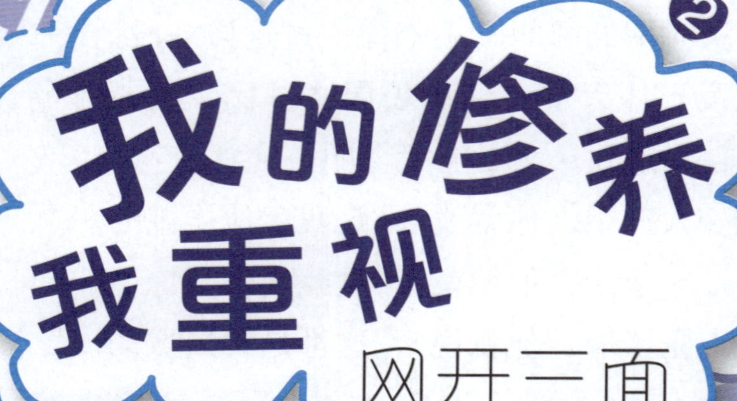

我的修养我重视

网开三面

聪明·点：

商汤“网开三面”，后来成为有名的典故。

打猎的人非常有进取心，意图把四面八方的飞鸟走兽一网打尽，后世将此形容为“夏网”，用来比喻密布的法网，没有一丝一毫恩惠。而汤则命人把网的三面打开，让大部分禽兽可以逃出生天，只捕捉那些有逆天命的禽兽。

这里除了表现出汤的宽宏，还表现出一种“平衡”意识：要下手，但不要做绝。领导者要有风范，大度包容，过于刻薄寡恩的结果就是众叛亲离——这正是夏桀的结局。

商汤撤网

（《群书治要·史记》）

商部落的首领汤当初在亳（bó）城居住，征战各方诸侯。由于葛国的君主葛伯不祭祀天地祖先，破坏了礼制，汤便起兵讨伐他。

汤的理想十分远大，征伐葛国只是他征程中的一站。在出征前，汤有些感慨，跟自己的得力谋臣伊尹聊起了治理国家的心得体会。

汤说："我曾经说过，人们照一照水便可以看见自己的形貌，看一看民众的情况便可知道国家是否安定。"

伊尹说："首领您真是英明啊！只有能听得进各方意见，才能使治国之道不断得到完善。要治理好国家，管理好百姓，就得让有才德的人来担任朝中官员。努力啊，努力啊！"

有一次，汤外出的时候，在野外看见有人从四面张开罗网，祝祷说："从天下四面八方而来的，都进入我的罗网中吧！"

汤说："唉，你这样就把禽兽全捕光了！"

于是，汤下令让人撤去其中三面网，并祝祷说："想往左走的就往左走，想向右逃的就向右逃。那些不

听话的，就自投罗网吧。”

后来此事在诸侯间传开了，诸侯们都说：“汤的恩德达到了顶点，竟能惠及禽兽。”

当时的天下之主夏桀推行暴政，汤在征服葛国之后，又领兵讨伐夏桀，最终登上了天子宝座。

原文

汤曰：“予有言：人视水见形，视民知治❶不。”

伊尹曰：“明哉❷！言能听，道乃进。君国子民，为善者在王官❸。勉哉，勉哉！”

注：

❶ 治：治理得好，天下太平。

❷ 哉：语气词，此处表示感叹，相当于“啊”。

❸ 王官：王朝的官员。

又要打仗了，真讨厌。
天下太平后，我一定要**宽待百姓**。

③

我的修养我重视

以身作则

聪明·点：

这个故事说明了两个道理：其一，社会上有一定的常规，处于每个位置的人，都有他们要遵循的礼数，不能逾越，所以晏子拒绝与齐景公乘坐同样豪华的马车。其二，越是居上位者，越要以身作则。

为什么以身作则如此重要呢？因为领导者或多或少都掌握着制定规则的权力，试想制定规则与监察执行规则的都是同一人，而此人却经常采用双重标准，宽以待己，严以待人，让旁人看了有什么感受呢？没错，一定是不服气。

一个长久让人不服气的领导者，还有什么领导力可言？他的团体还有什么士气可言？

晏子拒辂

（《群书治要·晏子》）

古时候大臣上早朝，从家中到皇宫要走好远一段路，有点身份的大臣都选择坐马车。

晏子是齐景公的得力臣子，但他上朝之时，乘坐的马车车身看上去破破旧旧，拉车的马儿一看就晓得是四下等劣马。

齐景公看见这般情景，说：“嘿！先生的俸禄是不够用吗？为什么要坐这辆破车呢？”

下朝后，齐景公派梁丘据给晏子送去一辆大车和四匹马。梁丘据携礼上门多次，晏子都拒不肯收。

齐景公得知，心里相当不高兴。他身为一国之君，他的赏赐，多少人盼也盼不来，怎么轮到晏子就不领情呢？

于是齐景公命人立即召晏子进宫，要亲自向晏子问个明白。

晏子来到后，齐景公对他说：“如果你不接受我所赠的马车，我以后也不乘坐马车了。”

晏子说：“您让我监督群臣百官，因此我节制自己的穿衣饮食，好为齐国人民做表率。尽管如此，我仍然担心自己的生活过于奢侈，不能履行我的职责。如今这些好车好马，您是君主您乘着，而我是臣子，如果我也坐，那么对百姓中那些不讲道义，过着奢侈生活而不履行自己职责的人，我就不好制止他们了。”

说了半天，晏子还是辞谢了齐景公的好意，齐景公也不勉强他了。

原文

今辂车[1]乘马，君乘之上，而臣亦乘之下，民之无义，侈[2]其衣食，而多不顾其行者，臣无以禁之。

注：

[1] 辂车（lù chē）：天子的乘车。

[2] 侈：放纵，放肆，不节制。

大王送来的马车俗不可耐，品味甚差，
可不可以不要……
不对，我身为人臣，
本不该与君主乘坐同款马车。

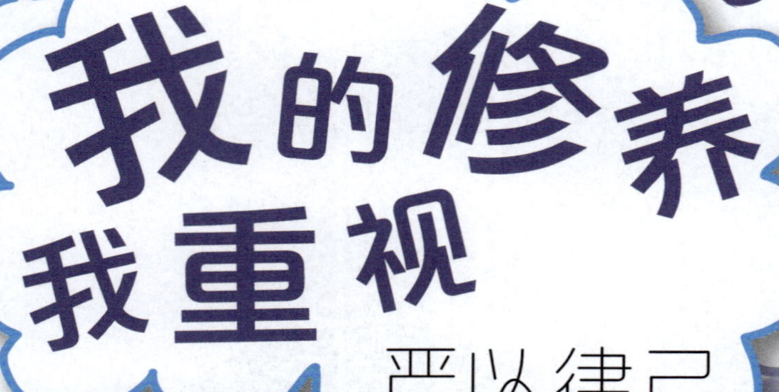

4 我的修养我重视

严以律己

聪明·点：

出色的领导者，一般都有一个共同特质：在某些方面非常自律，对自己有相当严格的要求。

权力是世上最甜美的毒药，它容易蒙蔽人的双眼，让人误以为自己已经非常了不起。伴随权力而来的酒色财气，更无一不是腐蚀人心的利器。你的追求、你的努力、你过往成功的基石，在尝到权力带来的好处后，可能慢慢就给磨灭干净了。

所以，时刻保持清醒的头脑和强大的意志，是对抗权力诱惑的有效做法。吴隐之不怕饮用“贪泉”水，正如他不怕刺史这个职位能消磨他的自制力。只有内心真正强大、修养高尚之人，才能控制手中的权力，而不会被权力所控制。

隐之孝廉

（《群书治要·晋书》）

吴隐之，字处默，濮阳郡人。他早年丧父，便更加孝顺恭谨地侍奉母亲，特别注重以和颜悦色的态度对待母亲。母亲去世时，他悲伤过度，几乎丢了性命。

吴隐之与韩康伯是邻居。韩康伯的母亲是一位贤明的妇人，她每每听见隔壁传来吴隐之的哭声，便会伤心得连饭也吃不下，布也织不了，同他一起哭泣。她对韩康伯说：“你有朝一日当了官，应当推荐任用像吴隐之这样的人。”

后来，韩康伯果然进入吏部任职，记起母亲的吩咐，便越级提拔吴隐之，让他当上了龙骧将军、广州刺史。

当时广州的北边地界有一处名叫“贪泉”的泉水，当地人传说，饮了这道泉水，清廉的官吏都会变得贪污腐败。

吴隐之前去出任广州刺史，他才踏入广州地界，就先到贪泉边喝了一口泉水，并赋诗一首：“古人云此水，一歃（shà）怀千金。试使夷齐饮，终当不易心。”（古人都说这贪泉水，谁喝了一小口，心里就会产生牟取千金的贪欲。假如伯夷和叔齐*饮用了这泉水，我相

* 伯夷、叔齐是兄弟，是古代孤竹国的两位王子，他们不好名利，在父王过世后互相推让王位，都不愿当国君。吴隐之写此诗，以伯夷、叔齐自喻，表达自己为官清廉的决心和志向。

信他们并不会改变自己的高尚思想和情操。）

后来，吴隐之在广州刺史的任内果然不曾贪污腐败，清廉作风较之前更甚，这种良好风气一直影响到边远地区，并得到晋安帝司马德宗颁诏褒扬：

“广州刺史吴隐之，孝行过人，把自己的俸禄均分给九族，虽然他处在贪污很容易的职位上，却没有改

变高尚的品德；在富庶的环境中，他的家人仍穿着朴素的布衣。他又坚持革侈务俭，使南方各地不良的社会风气有所改变。朕对他的表现相当满意，现赏他‘前将军’的称号，赐钱五十万、谷千斛（hú，古代容积单位）。”

原文

处可欲之地，而能不改其操，飨❶惟错❷之富，而家人不易其服，革奢务❸啬❹，南域改观。

注：

❶ 飨（xiǎng）：享用，受用。

❷ 惟错：“海物惟错”的略称，原指众多的海产物，此处比喻富裕的环境。

❸ 务：追求，求取。

❹ 啬（sè）：俭省。

5 我的修养我重视

进退有度

聪明·点：

齐景公心情大好，放下君王的架子，与臣同乐，可以显出自己的恩惠，分明是一件好事，为什么反遭晏子一顿训斥呢？

原因是齐景公这一次放下身段的理由与时机都不对，他完全是出于一时之兴，一己之欢，突发奇想邀来国之重臣陪自己宴乐。在旁人看来，齐景公完全就是一副耽误国事、奢侈玩乐的昏君模样。

领导者愿意放下身段固然不是坏事，但也要看准时机和场合。所谓“身段”，是指高位者高高在上的地位，而不是他身为领导者的威信与品格。相反，领导者每时每刻都要进退有度，不失威信。正如孔子所言：“君子不重则不威。”君子要稳重，要尊重自己，这样才能建立威信，使人敬服。

晏子论礼

（《群书治要·晏子》）

齐景公好饮酒，有一次竟连饮数日，酒酣之时，还脱衣摘帽，亲自敲击瓦盆奏乐。

齐景公问身边的近臣：“仁德之人会喜欢这种玩乐吗？”

近臣中有个名叫梁丘据的人回答说：“仁德之人也是人，耳朵、眼睛跟旁人一模一样，又怎会不喜好玩乐呢？”于是齐景公听了非常欢喜，派人去邀请得力重臣晏子入宫。

晏子应召，身穿庄重的朝服而来。齐景公对他说：“我今天很高兴，愿与先生共同饮酒作乐，请先生不要拘谨，免去君臣之礼。”

晏子却说：“假如群臣都免去礼节来侍奉您，恐怕您就不乐意了。现在齐国凡身高中等以上的孩童，体格强健，他们的力气都能胜过我，也胜过您，却不敢作乱，您知道这是为什么吗？”

齐景公下意识地摇头，他不知道。

“是因为敬畏礼义的缘故。”晏子端正脸色，接着说，“君王如果不讲礼义，就无法领导臣下；臣下如果不讲礼义，就不能侍奉君主。人之所以比禽兽高贵，就在于懂礼义。我听说，君主如果没有礼义，便不能正常地治理国家；士大夫如果没有礼义，底下的官吏就会不恭不敬；父子之间如果没有礼义，家庭关系必然不和睦。所以《诗经》中才这样说：‘人而无礼，胡不遄（chuán）死。’*可见礼义绝不可免除啊！”

齐景公听了这番话，方才知道“失礼”的严重性，不禁为自己先前失礼的行为担忧起来。他说：“我并不聪敏，左右近臣又迷惑引诱我，才到了今天的地步，我这就处死他们！”

晏子心想：“我不是这个意思啊，怎么国君一上来就动刀动枪，这么暴力……”他赶忙解释说：“左右近臣有什么罪？君主不讲礼义，那么遵守礼义的人自然会离他远去，不讲礼义的人却纷至沓来；君主若讲究礼义，那么守礼之人自然纷至沓来，相反，无礼之人便会远去。”

晏子想点明的是，什么样的君主搭配什么样的臣子。居上位的人喜好什么，下面的人一定会喜好得更厉害。齐景公是个心胸开阔之人，明白了晏子的意思之后，非但不生气，还觉得晏子的话真有道理。

---

* 这句话的意思是：做人不讲礼义，为什么不快点死呢？

于是齐景公换上正经衣冠，令人洒扫庭园，撤换酒席，然后重新邀请晏子。晏子进门，推让了三次，才登上台阶，然后献酒三次，完成“三献之礼”。晏子品了些酒，尝了一点菜，拜了两拜，说自己吃饱了，就出去了。

于是齐景公回礼，送晏子到门口，返回后，命令撤去酒席，停止奏乐。

两人大张旗鼓，你来我往地摆弄这一套一套的礼仪，目的就是为了彰显晏子所说的“礼”（行为规范）的重要性。

原文

君若无礼，无以使❶下；下若无礼，无以事上。夫❷人之所以贵于禽兽者，以有礼也。

注：

❶ 使：动词。命令，派遣。

❷ 夫（fú）：文言文中的发语词，表提示作用。

诚信无价

聪明·点：

这是中国版《狼来了》的故事，看来不论中西，不分古今，道理都是一样的——诚信可贵。

孔子说："民无信不立。"人没有信用就没有立足之地，国家不能得到人民的信任就会垮掉。谁也不想跟一个反复无常的人做朋友，谁也不愿意跟一个不讲信用的领导者谈合作。

信誉是人的立身之本。周幽王拿国家大事当儿戏，落得国破家亡的下场，是理所当然的。

幽王嬖爱

（《群书治要·史记》）

周幽王有一个妃子，名叫褒姒（bāo sì）。周幽王非常喜爱褒姒，甚至想废了自己的王后申后，还有申后所生的太子宜臼（yí jiù），改立褒姒为王后，立褒姒的儿子伯服为太子。

褒姒十分美貌，唯独不爱笑，是个冰霜美人。周幽王为博美人一笑，试过许多方法，全以失败告终。这事真是愁死人了！到底怎样才可以看见爱妃的笑容呢？周幽王绞尽脑汁，突然灵机一动，想出来一个他自以为万无一失的绝世妙计。

第二天，他带着褒姒登上骊山烽火台，点燃烽火。

烽火本是古代敌寇来犯时的紧急军事报警信号。由国都到边镇要塞，沿途遍设烽火台，一旦敌人来袭，哨兵立刻在台上点燃烽火，邻近的诸侯看见，知道京城告急，天子有难，便会领兵赶来救驾。

这不，周幽王才点燃烽火，转瞬火光冲天，各地诸侯一见警报，以为犬戎打过来了，果然带领本部兵马急速赶来救驾。他们到了骊山脚下，却连半个犬戎兵的影子也没有看见，只听到山上一阵阵奏乐和唱歌的声音。再定睛一看，原来是周幽王和褒姒正高坐台上饮酒作乐呢。

台上的褒姒看见诸侯和一众兵丁被戏弄得茫然失措的样子，觉得很有趣，禁不住笑了起来。周幽王终于得偿所愿看见爱妃嫣然一笑，也是满心欢喜。

自此以后，每当周幽王想取悦褒姒，便会为她点燃烽火，看诸侯们跑来跑去，疲于奔命。一次、两次、三次……每次都被骗，诸侯们开始不相信有敌人来袭了，更不愿意领兵前来。

后来，周幽王的荒唐行径有增无减。他废黜申后，废掉太子，此举惹得申后的父亲申侯震怒。女儿跟孙儿被欺负成这样，岂非掴了他们申氏一族一记响亮的耳光？这口气，申侯无论如何都咽不下去。于是，他便与缯（zēng）国和西夷犬戎相约，一起攻打周王，进攻周的首都镐（hào）京。

周幽王听到犬戎进攻的消息，惊慌失措，急忙下令点燃烽火。烽火倒是烧起来了，可是诸侯们受了太多次愚弄，以为又是周幽王玩的老把戏，纷纷不予理会。

周幽王等了半天，一个勤王的士兵都没等着，最终被攻进镐京的犬戎兵杀死。

原文

幽王为举烽火，诸侯悉①至，至而无寇，褒姒乃大笑。幽王欲悦②之，为数举烽火。其后不信，益③不至。

注：

① 悉：全部。

② 悦：此处为动词。使……愉快。

③ 益：副词。更加。

1

我的行为我做主

模范榜样

聪明·点：

尧帝是上古时代的领导者，他的事迹带有一点传说色彩，人们将“圣人明君”的美好形象加在他身上，代代口耳相传，都有点“神化”了。换句话说，《尚书》中关于尧帝的记载，也正好反映了人民对一位领导者的品行要求。他们希望领导者能做到以下几点：

（1）聪明；（2）懂得从历史中吸取教训；（3）诚信、恭谨、克己、礼让……有完美的人格，为他人做榜样；（4）善于处理人际关系；（5）知人善任……

当然，人无完人，但上述条件，对于想成为领导者的人来说，无疑具有参考价值。

帝尧放勋

（《群书治要·尚书》）

尧是传说中的三皇五帝中的一帝，是上古时代华夏民族的一位伟大的领导者。他的辉煌功绩如下：

一、昔日尧帝在位之时，以其聪敏贤明治理天下，他的光芒普照大地，后人因此写作了《尧典*》。

我就是上古时代伟大的尧帝，
光芒普照天下……

---

*“典”是“常”的意思，可作为后代子孙长久遵循的法则。

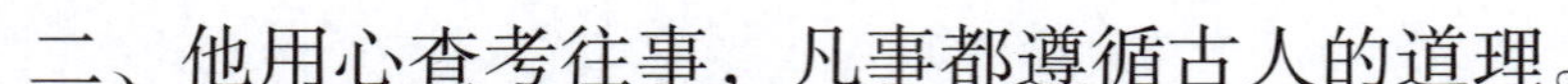

二、他用心查考往事，凡事都遵循古人的道理。

三、帝尧又名放勋*，他以钦、明、文、思四德安定天下，做到了诚信、恭谨、克己、礼让，善行远播四方，成为全国上下的楷模。

四、他能弘扬美德，使九族亲密和睦。九族和睦之后，尧又为百官赐授姓氏，区别宗族。贤明之士都得以任官，四方部落亦协调和顺，黎民随之变得友好和睦。

这些事情在《尚书》中都有明确记载。

---

* “勋”是功绩的意思。

原文

克明俊德，以亲九族❶。九族既睦，平❷章❸百姓❹。百姓昭明，协和万邦，黎民于❺变时❻雍❼。

注：

❶ 九族即高祖、曾祖、祖、父、自己、子、孙、曾孙、玄孙。《孔疏》上记："上至高祖，下及玄孙，是为九族。"另一说是父族四、母族三、妻族二。一般采用前说。

❷ 平：分辨。

❸ 章：彰明。

❹ 百姓即百官。《孔疏》上记："百姓谓百官族姓。"

❺ 于：相当于"以"。

❻ 时：即"是"。

❼ 雍：和睦。

2

我的行为我做主

所谓体统

聪明·点：

有时候，领导者跟演员差不多，私底下怎么疯都可以，但在人前、在办公时、在公众场合，都必须扮演“领导者”的角色 ——哪怕这角色与你的本性相差十万八千里。领导者需要注意行为举止，因为他不单代表自己，也代表所属团队；领导者所呈现的特质与精神面貌，在很大程度上反映了他的团队风貌。

一位合格的领导者，可以谈笑风生，可以偶有一些出格言行，但大体上最好符合体统和礼仪。这是一套约定俗成的、已被社会适应和接受的社交方式，方便交际双方在最短时间之内建立和谐关系。

所以，即便是刘邦这样的真“流氓”，经提点后也晓得自己的举止确实不合宜，得改。

沛公辍洗

（《群书治要・汉书》）

郦食其（lì yì jī），陈留人，喜欢读书，身高八尺，人们都称他为“狂生”。但这个外号得不到本人认同，郦食其认为自己一点都不狂。

沛公刘邦在进军陈留之际，路过高阳，住进一家旅馆，听说此处有“狂人”，便派人前去召见。

郦食其应召而至，进门拜见刘邦时，刘邦正张开双腿坐在床上，让两个女子为他洗脚。

郦食其看着眼前情景，不动声色，只向刘邦行了一个打拱礼，没有跪拜，便说道：“您是打算帮助秦攻伐诸侯呢，还是要统率诸侯打败秦呢？”

刘邦没想到今时今日居然还有人问这种问题，自己都领兵起义好久了，明明白白反抗暴秦好吗？他忍不住骂起人来：“混蛋儒生！秦王把天下百姓害得这么惨，现在各路英雄都起来反抗了，我怎么还会去帮助秦国呢？”

郦食其并不惊慌，慢条斯理地说道：“您既然要联合各地义军去讨伐无道的秦，就不应该这样倨傲无礼地坐着见长者！”

刘邦见郦食其谈吐不凡，心知他并非等闲之辈，赶紧停止洗脚，站起身来整理衣服，向他赔礼道歉，并请他上座。

郦食其见刘邦态度极为恭敬了，便将毕生所学和盘托出，先是多方位多层次地分析当今天下局势，然后是滔滔不绝地说战争方略，最后是口若悬河地谈排兵布阵。刘邦听后大呼过瘾，大有相见恨晚之意。

原文

沛公骂曰："竖❶儒！夫天下同苦秦久矣，故诸侯相率攻秦，何谓助秦？"食其曰："必欲聚徒合义兵，诛无道秦，不宜踞❷见长者。"

注：

❶ 竖：对人的蔑称。

❷ 踞：伸腿而坐。在古时候，这种坐姿甚为不雅无礼，绝不能这样接见客人。

这个人真不像话，
这样**无礼**地对待长者，真的没问题吗？
呵呵，等我讽刺他两句看看。

高姿态

聪明·点：

周公求贤的故事在中国历史上非常著名。周公与史上许多领导者不同，他并非打出求贤的旗帜，坐在宫里喊两句口号，做做样子，然后坐等人才上门。无论是亲自求见，抑或接见，周公都是主动到民间去。这是一种姿态——有人可能会觉得做作，但有时候，领导者需要这一做作的姿态，向大众显示自己的态度和决心。

再者，周公并非毫不动脑筋，盲目求才。他以不同规格接待不同身份的人，在破格之中仍然符合一定礼节，令“求才”一事看起来极具诚意。这点小技巧，也是领导者需要注意的。

周公礼贤

（《群书治要·说苑》）

周公旦是周代名相，在周成王还年幼时，曾暂代周成王处理政事长达七年。在这七年间，周公一直非常注重发掘人才，经由他手被发掘的人才如下：

人才的身份	周公的行为	人数
未当官的读书人	携带礼物，以尊师之礼拜见	10人
未当官的读书人	以朋友之礼会见	12人
穷巷陋屋中的贫寒之士	优先接见	49人
优秀人才	提拔扶助	约100人
士人	教导	约1000人
来朝见的人	驿站的施舍	约10000人

在这个时候，如果周公对人傲慢而吝啬，那么天下有才德的贤士来得就少了。如果这时有来朝见的，也必定是贪爱财富、当官却白拿俸禄的人。像这样的人，并不能好好地辅佐君王。

原文

当此之时，诚使❶周公骄而且吝，则天下贤士至者寡矣。苟❷有至者，则必贪而尸❸禄者也。

注：

❶ 诚使：假使。

❷ 苟：连词。假设，如果。

❸ 尸：动词。空占位置而不做事。

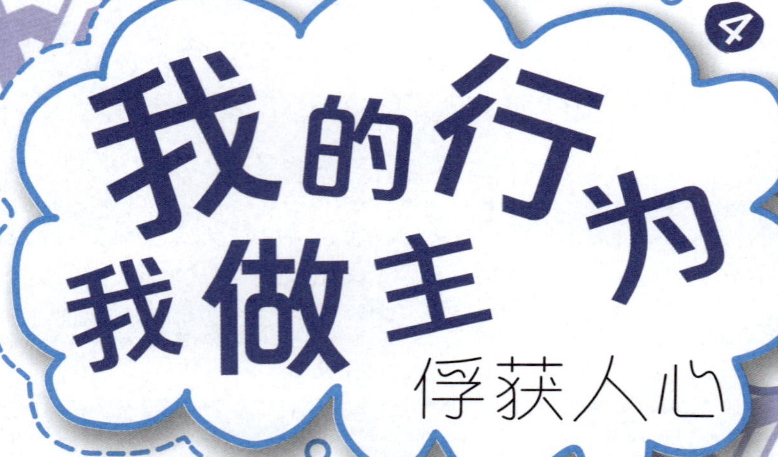

聪明·点：

“收买人心”是一种功利的说法，其实本质上就是处理好人际关系。我们在日常生活中与人相处，不要太斤斤计较，人与人之间“投我以桃，报之以李”，感情才得以建立。

在团队中，领导者与群众的关系亦如此，彼此各有付出，互相回报，才能越发和衷共济。在赵简子的这个故事中，两只畜牲与人的性命相比孰轻孰重，不言而喻。无论是从“理”还是从“情”出发，这个顺水人情都不可不做，既拯救了人命，也向外界显示出自己是一个讲道理、有人情味的领导者，能令大家心服口服。

简子好士

（《群书治要·吕氏春秋》）

赵简子有两头白骡子，他非常喜爱。

广门县有个小官，名叫阳城胥渠，他得了一种病，急需寻找合适的药材治病。这味药材，说难找，也不难找；说易得，也不易得。

阳城胥渠心里相当清楚这味药材在什么地方，却踌躇许久，不知道要不要为此努力一下。挣扎多日，他觉得自己小命一条，不试试的话，肯定没有活下去的希望了，所以还是决定试一试。

于是某天晚上，阳城胥渠大着胆子前往赵简子的家叩门，请求拜见。没等多久，有人来应门了，原来是赵简子家的侍从。

阳城胥渠向赵家侍从说：“请你转告赵大夫——您的属下小臣阳城胥渠生病，医生告诉他，吃了白骡子的肝脏，病就会好，若得不到这味药材的话，他肯定没命。”

这侍从便照着原话向赵简子回禀。赵简子听说后，叹道：“杀畜牲以救人命，这难道不是一件仁义的事吗？”

于是赵简子命厨房的人去杀了白骡子，取出肝脏交给阳城胥渠。阳城胥渠吃了以后，病就好了。

不久，赵国发兵攻打狄族。当时广门县的官吏奴仆左部有七百人，右部也有七百人，个个奋不顾身，纷纷争先杀上城楼，斩下对方士兵的首级。

试问君主又怎能不好好招揽士人呢？

原文

简子曰："夫杀畜以活❶人，不亦仁乎？"于是召庖人❷杀白骡，取肝以与之❸。

注：

❶ 活：使……活。

❷ 庖（páo）人：厨师。

❸ 之：代词。此处即指阳城胥渠。

大恩大德没齿难忘！

来日必定舍身报答！

聪明·点：

田子方对牲畜尚且如此，何况对人呢？

如何做到念旧、有人情味，对领导者来说也是一门学问。念旧不等于论资排辈，不等于让旧人倚老卖老，仗着过去的功劳来指手画脚，但假如团队用尽了一个人的能力，然后在他失去利用价值的时候随手扔弃，疏远他，那无疑做得太不厚道了。在“不失人情”与“公事公办”之间如何进退，相当考验领导者的功力。

总之要记住，要是有一天，领导者被人贴上凉薄和自私自利的标签，他离众叛亲离的日子也不远了。

子方仁厚

（《群书治要·韩诗外传》）

田子方是战国时期魏国人，相传魏文侯曾聘他为老师。

有一次田子方外出，看见路上有一匹老马。他充满心事地长叹一声，问赶车的车夫：“这是什么马啊？”

车夫说：“这是过去公家养的一匹马，现在已经老弱，不能再做事了，便牵出来想把它卖掉。”

田子方说：“马年轻的时候，你们用尽了它的力气，到衰老时就抛弃它，仁爱之人不能做这种事啊。”

说罢，田子方以五匹布把马赎了回来。穷困的士人听说此事，就知道谁是他们可以归附的人了。

原文

御曰：“故❶公家畜也，疲而不为用，故出放之。”田子方曰：“少尽其力，而老弃其身，仁者不为也。”

注：

❶ 故：原来的，老的，旧的。

聪明·点：

对领导者来说，言出必行是必备的素质。试想，一个团队的最高领导人，每每一开口便信口开河，今天就未来发展规划胡说八道，明天对某下属开一张升职加薪的空头支票，但通通都是说过就算，从不实践……这样一位领导者，你还会拿他的命令当真吗？还敢相信他的承诺吗？还会尽心尽力去落实他交托的任务吗？

一次“狼来了”，足以将多年建立的威信毁于一旦。所以领导者应该谨言慎行，一诺千金，言必有信。

君无戏言

（《群书治要·史记》）

叔虞是周成王的弟弟。周成王跟叔虞开玩笑，要把桐叶削成圭*的形状送给叔虞，说："我用这个来封赐你。"

过了几天，史佚（当时的史官）来请周成王挑个好日子，封叔虞为诸侯。周成王那时候压根已经忘记了这件事，他呆了一下，想起日前的玩笑，便笑道："那是我跟叔虞开玩笑罢了。"

史佚说："天子无戏言，话一说出口，史官就会记载，就要按礼仪来完成它，用鼓乐来歌颂它。"

周成王没法反驳，便把叔虞封为唐国之侯。

原文

天子无戏❶言，言则史书之，礼❷成之，乐歌之。

注：

❶ 戏：开玩笑。

❷ 礼：表示隆重举行的仪式、典礼。

---

* 圭是一种玉器，是周天子赐给各诸侯的信物，诸侯在朝觐时持在手中。不同的圭，表示各诸侯等级的高低，是其身份地位的象征。因此圭的使用有严格规定，可以表明使用者的地位、身份、权力。

你不知道的X档案

树立形象

华人楷模田家炳

在香港和内地，很多校园内都有一幢“田家炳楼”，捐资兴建它们的，就是著名的华人企业家田家炳先生。人们对田家炳的创业历史津津乐道，但更应该注意的是他对个人修养的重视，举例来说，就是包括诚信、慷慨、仁爱、简朴这几方面。

自创业以来，田家炳经历过多次金融风暴和社会动荡，如果没有良好的个人品德保驾护航，即便再有才干，也不能每次都顺利渡过危机。他说：“正是‘宁可人负我，不可我负人’的诚实品行深深感动了很多与我打交道的人，他们对我总是很放心，总是愿意与田家炳合作做生意。恪守本分，笃守诚信，薄己厚人，多为别人着想，让人家觉得与你做生意或相处不吃亏，这种‘诚’会给你带来一生都享受不尽的幸福。”

商业的成功给田家炳带来了巨大的财富，但是他在衣食住行上仍然十分简朴。他认为，挥霍享受，或者将财富留给子孙只会使人失去上进心，只有将财富用来回报社会，乐施奉献，才能够让金钱发挥最大的价值，令人生过得有意义。在这样的人生信条下，他已经在香港和内地捐助了数以百计的学校、图书室、医院、电台，修建了上百条公路与大桥，真正做到了回馈家乡，服务社会。正因为如此，田家炳先生得到了整个社会的敬仰，被称为华人楷模。

坚定信念

信念是达到成功目标的要素之一。没有坚定的信念，目标就只会停留在设想的阶段。一个成功的领导者，他所设定的目标远大，面对的艰难险阻比普通人更多。他能成功，其心智之坚定，信念之强大，是令我们叹为观止的。

《群书治要》中，许多故事从不同角度对坚定信念进行了解读。关公和郅恽（zhì yùn）教我们如何坚守自己的人格底线和职业道德；晏子用实际行动证明，完成一项艰难的工作必须有百折不挠的毅力，而为人正直将会得到他人的尊敬；同时，锺离意的行为告诉我们，正直的人要珍爱自己的节操胜过宝物。

信念是否坚定，决定了领导者能否达到成功的目标。古人的故事，值得我们借鉴。

坚守个人信仰准则

聪明·点：

关公“身在曹营心在汉”的故事，在影视剧、戏曲、小说里面已经被演绎了很多遍。关羽面对高官厚禄不动心，遵守誓言，讲究义气，而且最重要的是，他有坚定的意志，在实际行动中可以坚守自己的准则。

关公大义

（《群书治要·蜀志》）

关羽，字云长，河东人，是我们最熟悉的三国人物之一。

当年刘备招兵买马，关羽和张飞两位义弟和他一起抵御外敌。刘备和他们两个情谊如同亲兄弟，连睡觉都在同一张床上。在大庭广众之下，关羽和张飞常在刘备身边站着做侍卫，追随刘备应对各种危机，不怕艰难险阻。

刘备曾经派关羽驻守下邳（pī）这个地方，曹操东征徐州的时候生擒了关羽，因为他赏识关羽的才能，便拜关羽为偏将军，给予优厚礼遇。

这个时候，袁绍派遣大将军颜良到白马攻打东郡太守刘延，曹操派张辽和关羽作为先锋迎战。

关羽看见颜良的旗帜和伞盖，就驱策战马冲上前去，在万军之中刺死颜良，砍下他的首级带回来，袁绍手下诸多将军竟没有一个人能够抵挡他，这样便解了白马之围。因为这项功绩，曹操上表请皇帝封关羽为汉寿亭侯。

最开始的时候，曹操看重关羽的为人，但是通过观察关羽的心思和神情，发现他没有在这里久留的意思，就跟张辽说："你和关羽是有交情的，不妨以此去探问一下他的心意。"

于是张辽就去问关羽，关羽叹息道："我知道曹公对我很看重，但是我受了刘将军的大恩，发誓要跟他同生共死。誓言是不能违背的啊。我终究不会在这里久留，但是一定会立功报效曹公之后再离去。"

张辽把这话告诉曹操，曹操十分赞赏关羽的义气。

关羽杀了颜良以后，曹操就知道他一定会离开，便重重地赏赐他。但是关羽将这些赏赐全部留下，然后去追寻刘备了。

曹操的左右下属想去追击关羽，曹操就说："他是各为其主，不要去追了。"

原文

吾极知曹公待我厚❶，然吾受刘将军恩，誓以共死，不可背❷之。吾终不留，吾要当立效以报曹公，而后乃归。

注：

❶ 厚：看重，厚爱。

❷ 背：违背，违反。

坚守自己的本职工作

聪明·点：

古代看守城门的官员，如果没有看到来者的出入凭证，是不能打开城门的。郅恽牢牢记住自己的使命，坚持自己尽忠职守的信念，哪怕是皇帝外出游玩回来叫门，他也不愿意破例。

对领导者来说，保持坚守本职工作的信念很重要，注意发掘身边像郅恽这样的人也很重要。

郅恽守职

（《群书治要·后汉书》）

郅恽，字君章，汝南人。他先是被推举为孝廉，然后得到了上东门侯的官职，负责看守城门。

当时，汉光武帝刘秀经常外出打猎，有一次车驾到了夜里才回来，郅恽没有开城门，皇帝便让侍从到门缝处和他见面，郅恽说：“火光太远了，看不清来的人是谁。”还是不接受诏令开门。

皇帝没有办法，只能掉转方向，从东中门进城。第二天，郅恽上书给皇帝进谏道：“陛下您远远地到山林中打猎，夜以继日，这对江山社稷有什么好处呢？这就像空手与老虎搏斗，徒步渡河一样危险啊，虽然没有发生值得告诫您的意外，但这确实是小臣我所担忧的事啊。”

皇帝看到郅恽的上书，觉得他说得很有道理，便赐给他一百匹布作为奖赏，同时将放自己进门的东中门侯贬为参封尉。

原文

陛下远猎山林，夜以继昼，其如社稷宗庙何？暴虎冯河[1]，未至之诫，诚小臣所窃忧也。

注：

[1] 暴虎冯河（bào hǔ píng hé）：暴虎，空手与老虎搏斗；冯河，涉水渡河。指有勇无谋，鲁莽冒险。

7

为人正直

正直之人为人所敬

聪明·点：

晏子作为中国历史上有名的贤能领导者，本书中多次出现以他为主角的故事，如《晏子拒辂》《晏子论礼》《晏子宰阿》等。而《晏子为相》的故事，主要体现了晏子不但是聪明有才干的外交家和政治家，其为人的品行也十分正直。太史公司马迁对他的评价是很精辟的：因为重用了像晏子这样正直的人，所以齐国才能成为春秋战国时期的大国。

晏子为相

（《群书治要·史记》）

晏平仲又叫晏婴，是东莱人，他还有一个名号叫晏子。晏子在齐灵公、齐庄公、齐景公三朝为臣，因为节约简朴又尽力办事而得到齐国人的尊重。

晏子在朝廷处理政务的时候，国君有事征询他，他就直言己见；没有事问到他，他就正直行事。国家政事在轨道上的时候，就遵守法令而行；国政脱离轨道的时候，就衡量法令，斟酌行事。因此他身为三朝元老，在诸侯间扬名立万。

太史公评论说："我读《晏子春秋》，里面关于晏子的事迹讲述得多么详细啊！至于他直言敢谏，不怕冒犯君王的行为，说明他正是在朝为官时想着尽忠，不任职时就想着补过的人啊！"

原文

至其谏说，犯君之颜❶，此所谓"进❷思尽忠，退❸思补过"者哉！

注：

❶ 颜：颜面。

❷ 进：出仕，做官。

❸ 退：离开朝廷，不再任职。

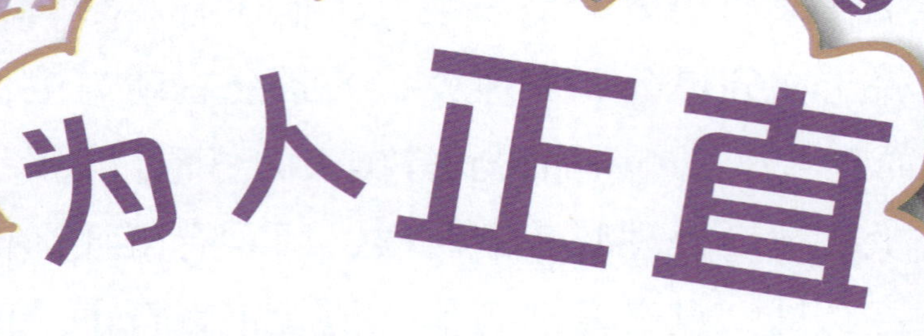

② 为人正直

正直之人珍爱节操

聪明·点：

一个正直的人会很注意自己的一言一行，因为锺离意鄙视贪污的恶行，所以他用实际行动证明自己正直的为人之道，保持自己的节操。珍珠是宝贝，固然很好，但是人的品行要比身外之物更加珍贵。

锺离意弃珠

（《群书治要·后汉书》）

锺离意，字子阿，汉代会稽郡人。汉明帝即位后，将他征召为尚书。

当时，交趾太守犯了贪污千金的罪过，被召回处决。他的财产也被造册没入大司农，汉明帝下旨将这些财物分赐给群臣。

在这个瓜分财宝的过程中，身为尚书的锺离意得到的是珍珠，但他把珍珠丢在地上，不接受皇帝的赏赐。

珍珠是珍贵的宝物，没有人不喜欢，汉明帝因此觉得很奇怪，就问锺离意这么做的原因。

锺离意回答道："臣曾经听说，孔子宁可忍受口渴也不喝盗泉的水，曾参在名叫胜母的小巷巷口调转车头不往那里去，这是因为他们珍惜自己正直的品格，厌恶'盗泉''胜母'这样的名称啊。这些作为赃物的污秽珠宝，我实在是不敢拜领的。"

于是汉明帝叹息道："尚书的话真是清正啊！"便改拿国库中的三十万钱来赏赐锺离意，并且提拔他为尚书仆射。

原文

臣闻孔子忍渴于盗泉之水❶，曾参回车于胜母之闾❷，恶其名也。此臧❸秽之宝，诚不敢拜。

注：

❶ 据《尸子》记载，孔子有一次路过"盗泉"，虽然他很口渴，但是因为"盗泉"这个名字令人厌恶，所以他坚决不喝这眼泉水的水。

❷ 传说曾参坐车经过一条小巷，这条巷子名叫"胜母"，曾参认为这个名字不好，对父母不恭敬，所以就调转车头，没有往那里走。

❸ 臧：通假字，通"藏"。

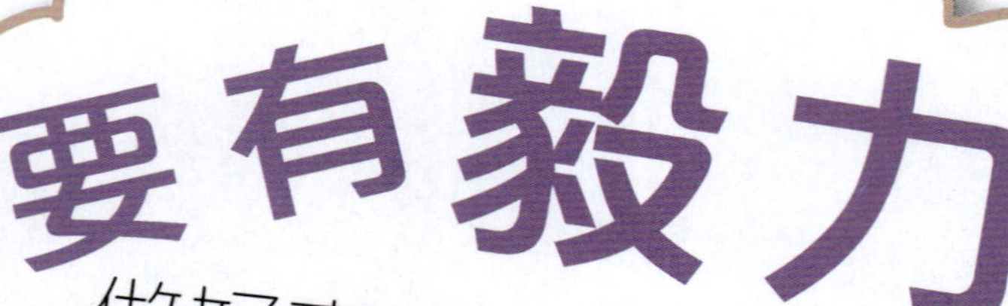

要有毅力

做好事坚持到底才是胜利

聪明·点：

从晏子的这个故事中，我们可以发现，治理一个地方，不一定马上就可以看出成效，但是批评的声音却比什么都来得快，早就已经传得漫天飞舞，可见顶着压力做好事有多不容易！身为领导者，做事受到阻力和批评是很正常的事，这个时候只要能保持毅力，坚持到底就是胜利。

晏子宰阿

（《群书治要·晏子》）

晏子治理阿城这个地方，过了三年，诋毁他的话就传遍全国。齐景公听到以后很不高兴，召回晏子，想要罢免他。

晏子便谢罪说道：“我已经知道自己的过错了，请您让我再次去治理阿城，三年之后我的好名声一定会传遍全国。”

于是齐景公就让他回去继续做官。三年以后，赞美晏子的话真的传遍了全国。

于是齐景公很高兴，召来晏子要赏赐他，但是晏子推辞了，没有接受。齐景公问他为什么，晏子回答：

“我先前治理阿城的时候，修筑小路，加强住宅和街巷门户的防卫，所以做坏事的人就憎恨我；我提倡节俭，力行孝敬父母、敬爱兄长，惩罚苟且懒惰的人，所以懒惰的人就讨厌我；我断案的时候，不会避讳豪强贵人，所以这些人也怨恨我；身边的同僚有求于我，合乎法度的我就做，不符合的就不做，所以他们不喜欢我；我接待地位显赫的人，与他们交际，不做不符合礼仪的事，地位显赫的人们就不高兴了。于是，三种邪恶的人在外面毁谤我，两种奸佞的小人在

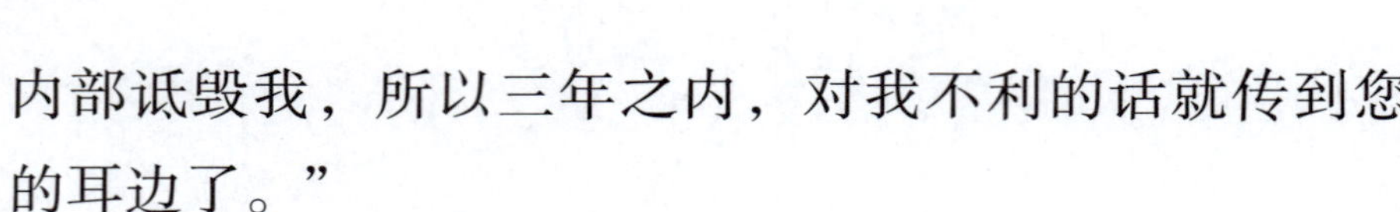

内部诋毁我，所以三年之内，对我不利的话就传到您的耳边了。”

齐景公听了，觉得有道理，但转念一想：“既然这些人讨厌晏子，为什么又过了三年，国内流传的却都是晏子的好名声了呢？”

晏子知道他在想什么，就继续说道：“再次回到阿城，我就改变了原先的做法。不再修筑小路，放松了住宅和街巷的防务，于是邪恶的人就高兴了；我不再

人言可畏……

但猪脑袋的君主更可怕……

推崇生活节俭，不再要求人们孝顺父母、敬爱兄长，不惩罚苟且懒惰的人，于是懒惰的人就心满意足了；判决诉讼的时候，我偏袒权贵豪强，这些人就被取悦了；身边的同事有求于我，我全都答应；接待地位显赫的人，我对他们的亲近程度超过礼制，这些人就很高兴。

“于是，三种邪恶的人在外面赞扬我，两种奸佞的小人在内部称颂我，三年之内，我的好名声就传入您耳中了。过去我做的被人责备的事情是为民造福，应该受到奖赏，却得不到；而如今我所做之事不该被赏赐，反而该受罚，因此我不能接受您的奖励。”

齐景公听了这番话，受到很深的触动，便将国家政事交给晏子处理。

原文

昔者婴之所以当诛者宜赏，而今之所以当赏者宜诛，是故[1]不敢受。

注：

❶ 是故：因为这个原因。

你不知道的X档案 坚定信念

坚持不懈的乔丹

虽然距离这位运动员活跃的时期已经过去了好多年，但是稍有留意 NBA（美国男子篮球职业联赛）的人，应该不会对 NBA 史上最伟大的运动员之一迈克尔·乔丹感到陌生。人们在观看回顾他运动生涯的视频片段时，经常会感叹他是个天才的运动员，既创造了傲人的运动纪录，又给大家留下了难忘的观赛体验。

此外，或许有人不知道，乔丹的成就，还来自他的坚持不懈。在他小时候，同样是篮球运动员的父亲带着小乔丹去篮球场，培养了他打篮球的兴趣。但是等到他长大一些，准备加入专业篮球队训练的时候，球队教练们却认为他长得太矮小，以后在竞技上不会有多大的成就。

为了达成自己成为运动员的梦想，乔丹每天都是最早来到训练场地，无论环境和天气如何恶劣，他一天都没有荒废训练。等到晚上回家，同龄人都出去玩或者在家看电视，打游戏，乔丹还在自家后院的露天篮球场练球到深夜。通过坚持不懈的努力，挥洒了无数汗水之后，乔丹终于成长为一个出色的运动员，他从 1984 年开始征战 NBA，最终成为了有史以来全世界影响力最大、最著名的篮球明星。

开阔胸怀

俗话说“宰相肚里能撑船”，不是指领导者都有超大号的啤酒肚，而是说领导者需要有开阔的胸怀。胸怀开阔可以使人不斤斤计较于琐碎的问题，不被负面情绪所困扰，可以站在更高远的角度，以更广阔的视野来看问题。

培养开阔的胸怀，可以从很多方面入手。《群书治要》中蔺相如与解狐的事迹，可以让我们学会什么叫公私分明，宽容大度；齐桓公和孔子以所见所感和实际言行，说明了谦逊的重要性；而汉光武帝和楚庄王两人的作为，证明了宽恕他人可以团结各方力量，从而走向成功。

古人的故事教导我们：胸怀开阔，看到的天地自然也宽阔；胸怀开阔，自然可以获得众人的敬爱。想成为领导者的人要取得成功，这是不可或缺的重要品质。

聪明·点：

在《史记》这篇《负荆请罪》的故事中，前半部分的渑池会让我们看到了蔺相如的勇敢坚定——为了维护国家尊严，他敢于对抗强大的秦国君臣（见《超炫领导力》）。渑池会之后，廉颇对蔺相如不满，是因为廉颇自傲于军功和地位，但是蔺相如看得更为长远，他意识到将相之间的矛盾是容易导致敌人乘虚而入的祸患，所以选择包容对方。因为蔺相如有长远的大局眼光，所以有宽大的气量，正因为他有宽大的气量，所以才成就了将相和的佳话，让赵国强盛起来。

负荆请罪

（《群书治要·史记》）

渑池会之后，因为蔺相如立下大功，所以赵王封他为上卿，地位在名将廉颇之上。

廉颇很不高兴，说：“我是赵国的将领，有攻城掠地、身经百战的功劳，而蔺相如只不过要要嘴皮子，就被认为立下大功，地位居然在我之上。而且蔺相如原先是地位卑贱的人，我以与他为伍而感到羞耻，不能忍受屈居人下。”

廉颇数落了蔺相如一顿，觉得还是不甚解气，便接着宣称：“等我下次见到蔺相如，一定要狠狠地羞辱他。”

蔺相如听说了这件事，每逢上朝的时候就称病不来。过了一段时间，蔺相如外出，远远地看到廉颇，便赶紧调转车子躲避。

蔺相如的门客看不下去了，就来劝他：“我们背井离乡，离开亲人来投靠您，是因为仰慕您崇高的品德。如今您和廉颇大人同朝为官，廉大人公开对您口出恶言，但您却不回击，反而怕他，躲着他，您这样畏惧他，也实在是太过分了。凡夫俗子尚且知道为此感到羞耻，何况是将相这样的大人物呢？您要是还这样，那么我们这些人没有本事，请允许我们离开吧。”

蔺相如坚决地劝阻了他们，说：“诸位认为，廉将军比得上秦王那么厉害吗？”

门客们说：“廉将军不如秦王厉害。”

蔺相如就说：“像秦王那样威严的君王，我都敢当

堂呵斥他，羞辱他的大臣。虽然我资质驽钝，但是我连秦王都不怕，难道会害怕廉将军吗？我只是考虑到，强大的秦国之所以不敢起兵侵犯赵国，是因为有我和廉将军在朝。现在我们如果像两只老虎一样互相争斗，势必不能同时生存。我这样做的原因，就是以国家的危难为先，把私人的恩怨放在后面。”

廉颇听说了这番话，就脱掉上衣，赤膊背着荆条，由宾客带着，到蔺相如家门前请罪。他对蔺相如说："我是个浅陋鄙薄的人，想不到您的胸怀宽大到如此程度。”

于是两个人言归于好，成为了生死之交。

原文

吾所以为此，先公家之急，而后私仇也。

聪明·点：

对待仇人，一般人的态度是怎么样的呢？

让他越倒霉越好？

要是有机会，一定不让他高升？

解狐虽然怨恨他的仇人，却并没有这么做，因为他有公私分明、举贤不避仇的气量，所以能公事公办，为国家举荐最适合某个岗位的人才。对于领导者来说，如果在事业中掺杂了个人恩怨，又因为个人恩怨斤斤计较，就很难公正处事。

解狐的例子，值得我们去学习。

解狐荐贤

（《群书治要·韩子》）

解狐是春秋时期晋国的大夫，赵简子是晋国赵氏的首领。有一次，赵简子问解狐：“谁可以当上党这个地方的长官？”

解狐回答：“邢伯柳可以。”

赵简子知道邢伯柳是解狐的仇人，觉得很奇怪：“这个人怎么会推荐仇人去做一方大员呢？”于是他就问解狐推荐邢伯柳的原因。

解狐回答：“臣听说，忠臣推举贤能的人，不会避开他的仇人；他要做的是废黜那些没有能力的人，不偏袒自己亲近的人。”

赵简子听了很高兴，赞扬他说得好，就任命邢伯柳为上党的长官。

邢伯柳听说是解狐举荐他，以为解狐和他已经冰释前嫌，就上门去表示感谢。

没想到解狐却说：“我举荐你是为公，怨恨你是为私。你走吧，我还是和过去一样怨恨你。”

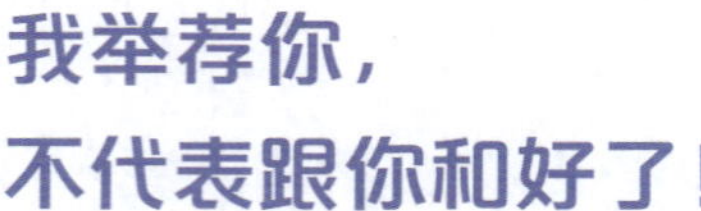

原文

臣闻忠臣之举贤也，不避仇雔[1]；其废不肖也，不阿[2]亲近。

注：

❶ 雔（chóu）：通“仇”。仇敌。

❷ 阿（ē）：迎合，偏袒。

聪明·点：

每个人都不是完美的。对鲍叔牙来说，管仲可不仅仅是一个贪过他便宜，又做过他政敌的朋友。他可以抛开这些缺点和过节，看到管仲的才能，正因为如此，才成就了齐国的霸业。

因此，这个故事告诉我们，要做能够识得千里马的伯乐，也要有宽广的心胸。

管鲍之交

（《群书治要·史记》）

管仲名叫夷吾，是颍上县人。他年轻的时候常常和鲍叔牙在一起，鲍叔牙知道他是个贤能的人。

管仲生活贫困，因此常常会占鲍叔牙的便宜，但鲍叔牙并没有生气，而是始终善待他。

在这之后，两个人分别侍奉齐国的两位公子：鲍叔牙辅佐公子小白，管仲辅佐公子纠。等到公子小白即位成为齐桓公，公子纠在夺位之战中落败而死，管仲也就成了阶下囚。

这个时候，鲍叔牙摒除了政治上的门户之见，向齐桓公大力推荐管仲。

管仲被齐桓公任命官职之后，在齐国处理政务。有了他的辅佐，齐桓公得以称霸天下。齐桓公在这个时期多次会盟诸侯，扶持周王室，稳定大局，都是依靠了管仲的谋略。

鲍叔牙推荐了管仲之后，自己心甘情愿在他手下做事。鲍叔牙的子孙世世代代在齐国做官，享受俸禄，其中还常常出现有名的大夫。

因为鲍叔牙不计前嫌推荐管仲，所以天下人并不称赞管仲的才能，反而纷纷称赞鲍叔牙能够辨识人才。

管兄，主公就拜托你了！

不要这么说，鲍兄，
我们共同努力吧！

（还有，我们今晚去吃饭吧。）

（就这么决定了。但我不
想吃饭，吃面如何？）

原文

鲍叔既进❶管仲，以身下之，子孙世禄于齐，常为名大夫。世不多❷管仲之贤，而多鲍叔能知人也。

注：

❶ 进：举荐，推荐。

❷ 多：称赞，赞美。

4 气量？容易！

忠言逆耳，逆耳忠言

聪明·点：

喜欢被赞扬，不喜欢被批评——这是人之常情。当一百个人对你点赞，却有一个人站出来揭你的短，你会不会想把他一脚踢出门？但是任座提醒道：正因为作为领导者的人胸怀宽大，别人才敢于提出批评建议，希望领导者加以改正，这是应当保持的好现象。因为个人好恶做出显示气量狭小的行为，是多么不明智啊！

文侯仁德

（《群书治要·新序》）

魏文侯和大夫们闲坐交谈，他问大夫们：“我是个什么样的君主呢？”

臣子们都说：“您是一位仁君啊。”

但当魏文侯问到翟黄的时候，翟黄却说：“您并不是仁德的君主。”

魏文侯问：“为什么这么说？”

翟黄回答：“您攻打中山国之后，不将它封给您的弟弟，而是将它封给您的长子，由此可见您不是仁德的君主。”

魏文侯听了这话，气得不得了，把翟黄赶出门去。

接着，魏文侯又问到任座，任座说：“您是位仁德的君主。”

魏文侯心想：“之前大臣们都说我仁德，不知道是真心还是奉承。这个任座，见到我把翟黄赶出去以后说我仁德，我倒要听听他是真这么想，还是想讨我开心。”

于是，魏文侯接着问：“你为什么这么说啊？”

任座回答：“我听说，仁德的君主就会有正直的臣子，刚才翟黄敢直言不讳，我就知道您是位仁君了。”

魏文侯听了说：“你说得对！”

于是，魏文侯就把被赶走的翟黄又召了回来。

原文

对曰：“臣闻之，其君仁者其臣直，向❶翟黄之言直，臣是以知君仁君也。”

注：

❶ 向：副词。表示“刚才”的意思。

仁德的君主要听正直的臣子的话……有道理。
那就勉为其难不把翟黄赶出门吧。

大家都听说过，三国时期，刘备三顾茅庐拜访诸葛亮。但你知道吗？早在春秋时期，齐桓公为了见到小臣稷，可以一天拜访他家五次！领导者要想取得成功，就要礼贤下士，虚心向他人求教，用诚意和热情感动人才。

桓公见稷

（《群书治要·新序》）

齐桓公前去拜访小臣稷，一天去了三次，都没见到人。

随从的官员劝齐桓公，说："一个大国的君主，去拜访一个平民百姓，一天去三次都没见到，也差不多该停了吧。"

齐桓公说："话不能这么说。在士人当中，有轻视高官厚禄的人，他们当然会轻视君主。反过来，君主当中有轻视霸王之业者，他们亦会轻视士人。即使稷

先生轻视高官厚禄，我又怎敢轻视称王称霸的大业呢？”

直到第五次上门拜访，齐桓公才见到小臣稷。天下的人听说这件事，都说：“齐桓公对平民百姓尚且能屈就拜访，何况面对国君呢？”

于是，天下诸侯彼此相约前往齐国朝见齐桓公，没有一个不肯去的。

原文

士之傲❶爵禄❷者，固❸轻其主；其主傲霸王❹者，亦轻其士。纵夫子❺傲爵禄，吾庸❻敢傲霸王乎？

注：

❶ 傲：轻视。

❷ 爵禄：爵位和俸禄。

❸ 固：一定，当然。

❹ 霸王：霸王之业，即称王称霸的大业。

❺ 夫子：对小臣稷的敬称。

❻ 庸：岂，怎么。

聪明·点：

虎会这个人，当大家都给君主推车的时候在一边唱歌，他是真的在偷懒吗？其实并不是。他认为，臣子应当尊敬君主，但是君主也要敬重臣子，大臣们各有所长，适合处理各个方面的国事，但是让他们当苦力来推车，就太不尊重人才了，这样对赵简子成就事业是非常不利的。所以，虎会是在用看上去不尊重君主的方式，向赵简子提出建议啊！

虎会行歌

（《群书治要·新序》）

赵简子坐车从一条崎岖的羊肠小道上坡，群臣都解开上衣，露出一边手臂帮忙推车，只有虎会一个人肩上扛着戟，边走边唱歌，不过来帮忙。

赵简子就说：“群臣都在推车，只有你扛着戟边走边唱，轻松自在不出力，这是你虎会身为臣子而轻慢了君主。身为臣子却轻慢君主，该当何罪？”

虎会回答说：“身为臣子而轻慢君主，当然是死上加死了。”

赵简子从未听说过这种罪名，一个人只能死一次，哪来的死上加死呢？于是他问：“什么是死上加死？”

虎会说：“自己死了还不够，妻子、儿女也要跟着死，这就是死上加死。您现在已经知道臣子犯下轻慢君主的罪会得到什么惩罚了，那么您听说过身为人君轻慢臣子的结果吗？”

赵简子问：“结果会如何呢？”

虎会说：

“身为人君者，如果轻慢他的臣子，那么有智慧的人就不愿意为他出谋划策；能言善辩的人也不会愿意

代表国家出使外交；勇猛威武的人，也就不愿意冲锋陷阵，为国家抛头颅洒热血。

“有智慧的人不出谋划策，那么君主就容易做出错误的决策，江山社稷会有危险；能言善辩的人不去做

使者，那么国家就不能够很好地与外国来往；勇猛的人如果不为国家战斗，那么边境就会遭到侵略。”

赵简子听了这番话，赞扬虎会：“你说得好啊！”

于是赵简子就重用虎会，以上等门客的礼仪来对待他。

原文

为人君而侮❶其臣者，智者不为谋，辨者❷不为使❸，勇者不为斗。智者不为谋，则社稷危；辨者不为使，则使不通；勇者不为斗，则边境侵。

注：

❶ 侮：轻慢，轻贱。

❷ 辨者：“辨”通“辩”，此处指为国争论是非曲直的外交使节。

❸ 使：出使。

聪明·点：

“宥坐之器”这个东西真是十分古怪！不管盛放什么东西在里面，都会维持刚好的量。孔子认为，它折射出来的哲理，和人立身在社会中的道理是一样的，也正是所谓“满招损，谦受益”的道理。

宥坐之器

（《群书治要·孔子家语》）

孔子在瞻仰祭祀鲁桓公的祖庙时，发现屋里有一个倾斜的器具。

孔子问看守祖庙的人："这是什么器具？"

守庙人回答："这大概就是所谓的宥坐之器了。"

孔子说："我听说宥坐这种器具，空的时候它就倾斜，装入适量东西的时候它就端正地立起来，装得太满就倾覆了。贤明的君主以此来警示告诫自己，因此将它摆放在座位旁边。"

孔子回头对学生说："试着往里面倒水。"

学生把水灌进器具里，装到差不多正好的时候，器具果然端正地立了起来，再继续倒，水满的时候它便翻覆了。

孔子便感慨地叹息道："哎呀！万物中哪有装满了却不倾覆的呢？"

这时候，子路上前说道："请问老师，如果想要保持装满但是不倾覆的状态，有什么办法呢？"

孔子回答说："一个人聪明睿智，就要用愚笨的姿态来保持；功绩泽被天下，就要用推让的姿态来保持；勇武之力震撼当世，就要用胆怯的姿态来保持；

拥有四海的财富，就要用谦逊的姿态来保持。这就是所谓的谦虚再谦虚的方法。”

原文

子曰：“聪明睿智，守之以愚；功被❶天下，守之以让❷；勇力振世，守之以怯；富有四海，守之以谦。此所谓损之又损之之道也。”

注：

❶ 被：覆盖。

❷ 让：谦让。

月满则亏，
水满则溢，
亘古不变。

宽恕？容易！宽恕让人抛下顾虑

聪明·点：

是秋后算账，还是宽大为怀？这大概是每位领导者都需要面对的问题。彻查清楚，绝不原谅，是扫除反对者的一种方法，然而选择宽恕，更能让别人感到安心，令他们抛下成见和顾虑，为了成功一起奋斗。

光武烧书

（《群书治要·后汉书》）

汉光武帝刘秀，字文叔，南阳人，是汉高祖刘邦的第九代孙。更始元年，更始帝刘玄派刘秀负责大司马的军务。刘秀北渡黄河，安抚慰问各个州郡。

这个时候，原来赵缪王的儿子刘林，把假冒汉成帝儿子的占卜师王郎立为天子，以邯郸作为首都。

于是，更始二年，刘秀进军包围邯郸，攻下城池，杀死王郎。在这之后，刘秀收缴文书，从中得到官吏百姓和王郎联络并毁谤自己的信件数千封。

刘秀一封信也没有看，他召集各位将领，当着他们的面把信烧掉，说："让那些不顺从、不安定的人自己安下心来吧。"

原文

世祖为不省❶，会诸将烧之，曰："令反侧子❷自安。"

注：

❶ 省：查看。

❷ 反侧子：反即背叛，造反；侧为反复之意。"反侧子"便是怀有二心、摇摆反复的人。

聪明·点：

后人从这个故事中引申出来一个成语叫“灭烛绝缨”，意思是说，成功的领导者能够容忍别人的冒犯和错误。虽然以现代人的眼光看，这个故事对受到骚扰的妃子不太公平，但在当时的背景下，假如楚庄王一怒之下处置了在宴会上冒犯妃子的人，那么之后与晋国的战争能不能取得胜利，就是个未知数了。

绝缨存士

（《群书治要·说苑》）

有一天，楚庄王赏赐诸位大臣饮酒。

宴会时间过得特别快，天黑后，很多人都喝醉了，酒兴上头。这时候屋子里的灯烛突然熄灭了，有人就趁机拉扯楚庄王妃子的衣服。

这位妃子在黑暗中又惊又怒，顺手扯断了这个人冠帽上的带子，向楚庄王告状说："蜡烛熄灭的时候，有人拉扯我的衣服，我将他的帽带子揪断了拿过来，请您叫人重新点起灯火，看一看是谁的帽带子断了。"

自己的妃子被人调戏了，楚庄王就算发怒，狠狠惩罚那个失礼的人也在情理之中。但是他却说："酒，是我赐给别人喝的，导致他们喝醉失礼。现在又怎么能为了显示妇人的贞洁而惩罚士人呢？"

说完，楚庄王命令左右众人："今天与我喝酒，不把帽带子扯断的人就不算尽兴。"

于是在场的臣子都扯断了自己的帽带子，然后楚庄王才吩咐人取火点上灯烛，大家尽兴而散。

三年之后，晋国与楚国打仗，楚国这边有一个臣子总是身先士卒，五次交战，五次俘获敌人的将领，打退敌人的进攻，最后取得胜利。

楚庄王感到奇怪，他不记得自己过去对这个臣子有特别的优待，为什么这人作战如此英勇呢？于是，他就去问这个臣子原因。

没事没事，大家都把帽带子扯断，继续饮酒作乐！

这个臣子回答道：“我过去曾喝醉酒之后失礼，大王您克制忍耐，既不让我出丑，也没有杀了我，所以我愿为您肝脑涂地，以颈中鲜血溅到敌人身上来报答您，我怀着这样的心思已经很久了。我就是当年在夜里被扯断帽带子的那个人啊。”

原文

臣往者醉失礼，王隐忍不暴❶而诛，常愿肝脑涂地，用颈血湔❷敌久矣。臣乃夜绝缨者也。

注：

❶ 暴：使……暴露。

❷ 湔：通“溅”。

你不知道的X档案 开阔胸怀

曼德拉的宽恕

直到 20 世纪，南非仍然是一个充满种族歧视思想、各个种族彼此隔离的国家。曼德拉为了改变这一状况，领导了南非反种族隔离运动，被当局关押在监狱里长达 27 年。1990 年，曼德拉出狱。1993 年，他获得了诺贝尔和平奖，然后成为了南非第一任民选的黑人总统。

这时，当年看守曼德拉的监狱狱警非常害怕。在荒凉的岛上监狱里，他和另两位同事经常殴打和侮辱作为政治犯的曼德拉，还让曼德拉干最苦、最危险的活。现在，过去的犯人变成了总统，他会不会报这一箭之仇呢？当这位狱警忐忑不安的时候，他收到了曼德拉寄来的就职典礼邀请函，于是只能硬着头皮去参加。

在就职典礼上，到了曼德拉致辞的时候，这位新总统站起来，向大家介绍曾经虐待过他的三名狱警，他说："当年陪伴我度过艰难岁月的狱警如今也来到了现场。我年轻时脾气暴躁，在狱中，正是在他们的帮助下，我才学会了控制情绪。"接着他走下讲台，和这三个人拥抱。

仪式结束以后，曼德拉对他们说："在走出囚室，经过通往自由的监狱大门的那一刻，我已经清楚，如果自己不能把悲伤和怨恨留在身后，那么我其实仍在狱中。"

谨小慎微

一个人做事粗中有细、刚柔并济是最好的。一位领导者既要胸怀开阔，行事果断，也要谨慎小心，克制自身。

领导者身处高位，就可以说一不二，凭自己心意行事吗？答案是否定的。郭伋与魏文侯告诉我们，即便是和小朋友或小官吏做下约定，作为一个守信的人，也必须不打折扣地做到最好。

那么身为领导者，是不是想要什么就可以得到什么？答案还是否定的。申公巫臣告诫楚庄王，必须做到大局在前，私欲在后；而公仪休的故事，则表达出要克制欲望，不能利用职权得到不该有的利益的道理。这些故事，直到现在都对我们有着重要的教育意义。

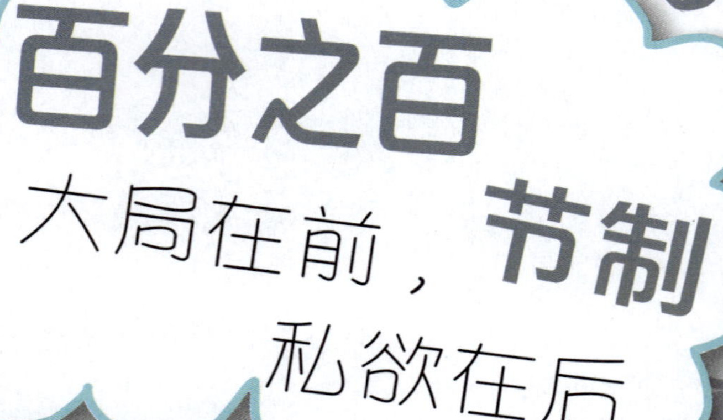

百分之百

大局在前，节制私欲在后

聪明·点：

爱美之心，人皆有之。作为国君，楚庄王要娶一位美人做妃子，这似乎不是什么值得大臣说“no”的事情。但如果美人是来自敌国的话，那就要另当别论了。大局当前，春秋战国的时代可不适合上演“爱美人不爱江山”的剧情。对想要成为领导者的现代人来说，这个故事教给我们的，就是在大局面前，为了成功，对个人私欲要节制，节制，再节制。

庄王纳妃

（《群书治要·春秋左氏传》）

楚国讨伐陈国夏氏的时候，楚庄王想要娶夏姬为妃子。

于是申公巫臣就进谏说：“您不可以这样做。君王召集诸侯出兵，是为了讨伐有罪之人。如今您若纳夏姬为妃，就说明您是在贪图美色。贪图美色就是淫，淫就是犯了大罪。《周书》上说：‘要多施恩德于天下，谨慎使用刑罚。’如果您号召诸侯兴师动众去作战，却只是为了犯下贪图美色这样的大罪，就是不谨慎，请您考虑这个问题啊！”

于是楚庄王打消了纳夏姬为妃的想法。

原文

《周书》曰：“明德慎罚❶。”若兴诸侯，以取大罚，非慎之也。君其图之！

注：

❶ 明德慎罚是西周的立法指导思想，就是在正面引导上要提倡道德，遵从道德，同时刑罚适中，以此达到预期的目的。

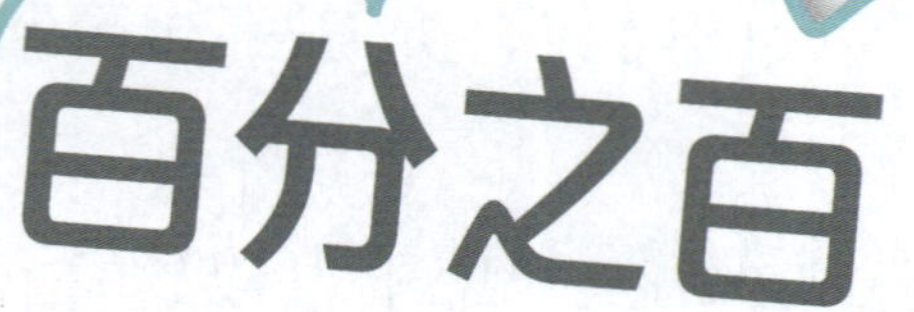

节制 ②

节制欲望，对不当得利说“no”

聪明·点：

公仪休不是不爱吃鱼，而是他身为宰相，不想因为收了别人投其所好送的东西，损害了自己的品德。就像如今的公务员可以喜欢名牌，也可以购买自己喜欢的东西，但如果是依靠职务的便利让别人给自己送上心头好，那么等到被有关部门请去喝茶，就后悔莫及了。

鲁相嗜鱼

（《群书治要·史记》）

公仪休是鲁国的宰相，他奉公守法，丝毫不违反法规。有他以身作则，文武百官自然就行为端正。

公仪休规定：领取俸禄的官员不能和老百姓争夺利益，做大官的人不能谋求小利。

像公仪休这样正直的人，其实也有自己的爱好，他平时喜欢吃鱼，但是有次一位客人送给他一些鱼，公仪休却不肯接受。客人问他：“我听说您很喜欢吃鱼，我送给您鱼，为什么不接受呢？”

公仪休回答：“正因为我喜欢吃鱼，所以才不接受。我现在做宰相，想吃鱼自己也能买得起，如果因为接受了你送的鱼而被免职，以后谁还会送给我鱼呢？所以我不能够接受。”

公仪休曾经吃了自家园子里种的蔬菜，觉得味道很好，就把里头种着的葵菜全部拔出来丢掉；发现自己家织的布匹质量好，他马上就把家里织布的妇女打发走，烧毁机器。

他这样解释自己的行为：“我家的菜和布都很好，那么就能自给自足了，这样的话，外面那些种菜的农民和织布的妇女该到哪里去卖自己的货物呢？”

客气客气，
无缘无故怎能乱收礼物呢？
我自己买就好。

鱼送你。

原文

相曰：“以[1]嗜鱼，故不受也。今为相，能自给[2]鱼；今受鱼而免，谁复给我鱼者？吾故不受也。”

注：

[1] 以：表示因果关系，可以翻译为因为或者由于。

[2] 给（jǐ）：供应，供给。

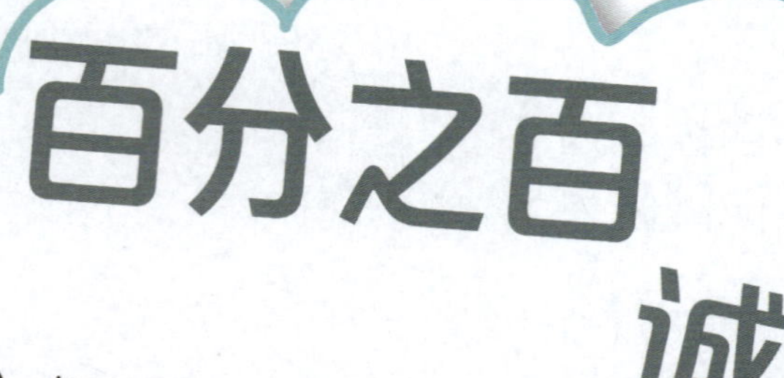

百分之百诚信

诚信要童叟无欺

聪明·点:

我们小时候，经常会在父母出门的时候问："你们什么时候回来？"大人们有时候会按照他们事先说好的时间回来，有时候却不能。但是郭伋是个非常守信的人，为了不让小朋友们失望，他宁可在野外住上一天，也要按时返回。这样百分之百诚信的品质，实在令人赞叹。

郭伋亭候

（《群书治要·后汉书》）

郭伋，字细侯，扶风郡人。他在王莽临朝的时候担任并州牧。建武九年，他拜领了颍川太守的官职，两年以后调任为并州刺史。

郭伋曾经被引见赴宴，他与汉光武帝刘秀在席间交谈，讲到应当挑选天下的贤才，而不是专用南阳人，刘秀采纳了他的意见。

郭伋从前在并州的时候，常常有恩于当地百姓。后来他再进入并州境内，所到的县邑，百姓们扶老携幼，在道路上迎接。凡是到过的地方，郭伋都会向百姓询问民间疾苦，寻访聘求年长有德之人和才干出色之人，设下几案，奉上手杖，以礼相待，从早到晚都在与他们商讨政务。

有一次，郭伋到所管辖的西河郡美稷县去巡视，几百个小孩子骑着竹马，在道路边迎着郭伋，拜见他，欢送他。

郭伋问：“孩子们，你们大老远跑来是要做什么呀？”

小孩子们回答说：“听说使君您来了，我们很高兴，就来迎接您。”

郭伋谢过这些孩子。等他办完事，小孩子们送他到城外，问他："您什么时候能回来呀？"

郭伋计算了一下，就把回来的日子告诉了他们。

因为郭伋出门一路上很顺利，所以他比约定好的时间早了一天回来。郭伋怕失信于那些孩子，所以就在野外暂宿的房屋里过了一夜，到了说好的时间才进入美稷县城。

原文

既还，先期❶一日，伋为违信于诸儿，遂止于野亭❷，须❸期乃入。

注：

❶ 期：约定好的时间。

❷ 亭：古代设在路边供旅客留宿的公共房屋。

❸ 须：等待。

说好了什么时候回来，就是什么时候回来，
早一天、一个时辰，都不算守时。
你们要乖乖的。

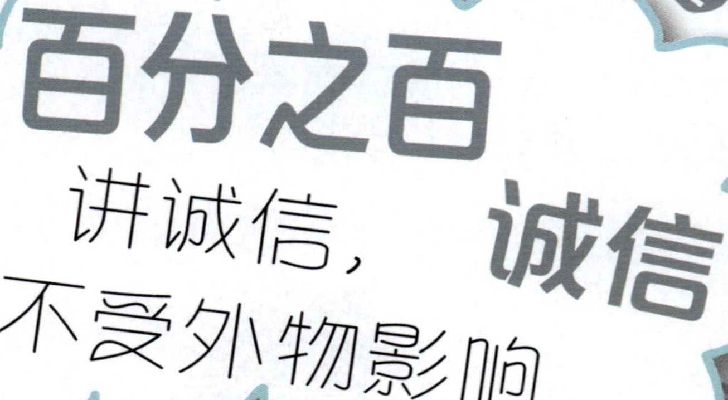

聪明·点：

如果把这个故事放到现代社会，那么魏文侯大概就是顶着台风去赴约吧。虽然从安全的角度出发，我们不必真的顶着台风去履行约定，但是故事中告诉我们的道理 —— 讲诚信不能受到外物影响，还是会对现代人有所提醒。

文侯期猎

（《群书治要·韩子》）

春秋时期，管理山林和江河湖泊的官员叫虞人。魏文侯有一次同虞人约好时间去打猎，但是到了那一天却刮起大风。左右的臣子劝他：“这么大的风，太危险啦！您别去打猎了！”

但是魏文侯没有听他们的，而是说：“我难道能因为刮大风就失信于人吗？这是我不愿做的。”

于是他就亲自冒着大风，驾车前往约定的地方，跟虞人说停止打猎。

诚信的推销员

日本著名企业家吉田忠雄年轻的时候，曾经做过一家小商行的推销员，因为他推销的东西很普通，所以业绩上看不出有什么出色的地方。

有一个月，他向二十几家客户卖出了一种剃须刀。但是后来他发现，自己推销出去的价格，比其他商店同类型的产品要贵。这样一来，从他手里购买产品的客户就损失了差价。

按理说，买卖东西是“一个愿打一个愿挨”，客户买到了价格偏高的产品，也只能自认倒霉，更何况他们完全没有意识到这一点。但是吉田忠雄觉得自己占了客户的便宜，于心不安，就主动向这二十几家客户说明事实，提出要把差价退还给他们。这种诚实的态度感动了客户，这些客户没有一家要索还差价，反而主动向吉田忠雄订购了更多的商品。于是吉田忠雄的业绩迅速上升，得到了公司的奖励和提拔，这为他后来自立门户开办公司打下了基础。

1300 多年前，唐太宗李世民刚登上帝位不久，他想把握治国理政的要领，便召集魏征等人为自己编写了一部书。这部书从一万多部古籍中精选出五十多万字，汇集了有关修身、齐家、治国、平天下的丰富内容，取名为《群书治要》。唐太宗看到编成的书，不由得感叹道："这部书让我从古人那里学到了治理国家的方法，不再感到困惑。它的功劳真的是很大啊！"

能让唐太宗发出如此赞叹，这部书有多难得，自不必多说。但是，由于当时雕版印刷术尚未诞生，《群书治要》仅有皇家抄录本。历经唐末战乱之后，到宋代初年，这部书在中国本土已经失传。

幸运的是，这部书居然在日本被保存了下来。原来，当年日本遣唐使将《群书治要》带到了日本，被日本历代天皇及大臣奉为宝典，因此传世。18 世纪末，《群书治要》终于从日本传回了中国。

如今我们强调"文化自信"，而从古代经典著作中吸取养分，正是提振文化自信的有效途径之一。《古人的超能力》这套书，精选了《群书治要》中具有现代意义的篇目，将它们演绎成一个个生动有趣的小故事，每则故事均加以简短点评。故事后面还配有文言文原文节录，以期学有余力的小读者能够领略文言之美。

2019 年 9 月

图书在版编目（CIP）数据

超酷个人魅力 / 中华书局（香港）教育编辑部编著. —
上海：少年儿童出版社，2019.11
（古人的超能力；3）
ISBN 978-7-5589-0725-8

Ⅰ. ①超… Ⅱ. ①中… Ⅲ. ①个人—修养—少儿读物
Ⅳ. ① B825-49

中国版本图书馆 CIP 数据核字（2019）第 212554 号

著作权合同登记号图字号：09-2019-231
本书中文繁体字版本由中华书局（香港）有限公司在香港出版，今授权上海少年儿童出版社有限公司在中国大陆地区出版其中文简体字平装本版本。该出版权受法律保护，未经书面同意，任何机构与个人不得以任何形式进行复制、转载。
本书经由锐拓传媒旗下小锐 (copyright@rightol.com) 取得。

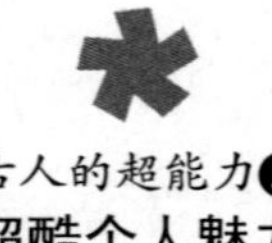

古人的超能力❸
超酷个人魅力

中华书局（香港）教育编辑部 编著
伊　伊 绘图
陈艳萍 装帧

责任编辑 孙浩伟　美术编辑 陈艳萍
责任校对 黄　岚　技术编辑 胡厚源

出版发行 少年儿童出版社
地址 200052 上海延安西路 1538 号
易文网 www.ewen.co　少儿网 www.jcph.com
电子邮件 postmaster@jcph.com

印刷 上海景条印刷有限公司
开本 720 × 980　1 / 16　印张 8
2020 年 1 月第 1 版第 1 次印刷
ISBN 978-7-5589-0725-8 / I · 4509
定价 30.00 元

balabala...

balabala...